Kesavan Devarayan
Monikandon Sukumaran

Inibidores verdes para a corrosão de metais: Uma revisão

Kesavan Devarayan
Monikandon Sukumaran

Inibidores verdes para a corrosão de metais: Uma revisão

ScienciaScripts

Imprint
Any brand names and product names mentioned in this book are subject to trademark, brand or patent protection and are trademarks or registered trademarks of their respective holders. The use of brand names, product names, common names, trade names, product descriptions etc. even without a particular marking in this work is in no way to be construed to mean that such names may be regarded as unrestricted in respect of trademark and brand protection legislation and could thus be used by anyone.

Cover image: www.ingimage.com

This book is a translation from the original published under ISBN 978-620-2-30555-6.

Publisher:
Sciencia Scripts
is a trademark of
Dodo Books Indian Ocean Ltd. and OmniScriptum S.R.L publishing group

120 High Road, East Finchley, London, N2 9ED, United Kingdom
Str. Armeneasca 28/1, office 1, Chisinau MD-2012, Republic of Moldova, Europe
Printed at: see last page
ISBN: 978-620-7-66254-8

Prefácio

Os metais e as ligas metálicas desempenham um papel crucial no desenvolvimento humano inicial. O conhecimento dos metais é fundamental para o desenvolvimento sustentável das sociedades. Os metais são inerentemente susceptíveis à corrosão. A perda por corrosão é um fator de atraso no desenvolvimento de qualquer país. Nos últimos 100 anos, foram feitas várias tentativas para explorar as possibilidades de controlar a corrosão dos metais em vários ambientes corrosivos. No entanto, a utilização de inibidores à base de metais pesados teve efeitos adversos na saúde humana e na degradação ambiental. Os inibidores derivados de fontes vegetais são considerados como uma alternativa viável a estes inibidores à base de metais pesados. Neste livro, os autores tentaram descrever as tendências recentes no desenvolvimento de inibidores verdes à base de plantas. Além disso, os autores esforçaram-se por explorar a aplicação de inibidores verdes não tóxicos à base de óxidos metálicos e de inibidores bio-inspirados. Este livro é um guia compacto para estudantes de engenharia de corrosão, engenharia de materiais, química e ciência das plantas.

Autores

Sobre os autores

O Dr. D. Kesavan é Professor Assistente de Química e Diretor do Departamento de Ciências Básicas, Faculdade de Engenharia das Pescas, Universidade de Pescas de Tamil Nadu, Nagapattinam. Obteve o seu doutoramento na Universidade de Shinshu, Japão. Concluiu o mestrado em Ciências no Instituto Nacional de Tecnologia de Trichy (NIT-T) e a licenciatura em Química na Faculdade de Artes e Ciências da Sri Ramakrishna Mission Vidyalaya, em Coimbatore. Registou três patentes e publicou mais de 50 artigos de investigação revistos por pares em revistas internacionais e nacionais. Em 2014, foi selecionado para o Programa de Bolsas de Estudo para Jovens Cientistas pelo Conselho Estatal de Ciência e Tecnologia de Tamil Nadu. Os seus interesses de investigação incluem nanomateriais, supercapacitores, células de combustível, química de aminoácidos, péptidos e polissacáridos, bio-nano sensores de pH, investigação sobre corrosão e eletroquímica.

Ele. S. Monikandon é Professor Assistente no Departamento de Engenharia Básica, Faculdade de Engenharia das Pescas, Universidade de Pescas de Tamil Nadu, Nagapattinam. Obteve o seu Mestrado em Gestão da Água de Irrigação no Departamento de Engenharia Civil, Faculdade de Engenharia, Guindy, Universidade de Anna. Concluiu o bacharelato em Engenharia Civil no Sun College of Engineering and Technology, Nagercoil. Obteve o Diploma em Engenharia Civil no Morning Star Polytechnic College, Nagercoil. Tem cerca de 7 anos de experiência no ensino, na investigação e na indústria. Os seus interesses de investigação incluem a gestão da água, a corrosão, a bioremediação e os revestimentos de nanopartículas para a corrosão de armaduras. Publicou 12 artigos de investigação em revistas nacionais e internacionais com revisão por pares. Para além de ser membro vitalício de várias sociedades nacionais e internacionais, foi também distinguido com o Prémio Internacional Aufau para Jovens Cientistas 2016.

Inibidores compatíveis com o ambiente para a corrosão de metais e ligas

Introdução

Os metais e as ligas são os materiais mais importantes utilizados para aplicações estruturais e decorativas. O aço, em particular, é amplamente utilizado nas indústrias do açúcar, petroquímica, alimentar, do papel e têxtil. A corrosão, a deterioração ou a destruição de metais e ligas é um processo inevitável mas controlável. A corrosão tem um impacto significativo no desenvolvimento de um país, que pode ser comparado a catástrofes naturais como terramotos, inundações, etc. A corrosão causa perdas à economia global de mais de 344 milhões de rupias (5000 mil milhões de dólares) todos os anos. Os países em desenvolvimento, como a Índia, estão a lutar para aumentar o seu PIB em alguns pontos decimais todos os anos. Embora não exista um estudo adequado que mostre a perda exacta devida a vários tipos de corrosão, estima-se que, todos os anos, cerca de 4 a 6% do PIB da economia indiana é destruído devido à corrosão, o que equivale a aproximadamente 4,00,000 milhões de rupias. Acredita-se que, através de boas práticas de gestão e de medidas de controlo da corrosão, é possível evitar cerca de 20-30% das perdas, ou seja, cerca de 8 000 a 12 000 milhões de rupias.

Podem ser utilizados vários métodos para abrandar ou impedir a corrosão de estruturas metálicas. Geralmente, as moléculas orgânicas, os plásticos e os polímeros, bem como a proteção catódica e/ou anódica com inibidores orgânicos ou inorgânicos, são utilizados como revestimentos protectores para metais. O primeiro relatório sobre a inibição da corrosão por inibidores orgânicos remonta a Speller [2], que investigou a inibição da corrosão de tubagens de água escamadas em HCl. Desde então, numerosos compostos orgânicos e inorgânicos que são adicionados a líquidos corrosivos têm sido investigados para este fim.

Os compostos à base de cromato provaram ser excelentes inibidores de corrosão. No entanto, existem preocupações crescentes, principalmente devido à toxicidade. Os investigadores interessados em tecnologias amigas do ambiente ou em química verde estão mais interessados em inibidores verdes.

Em geral, os inibidores verdes são produtos naturais derivados de plantas e substâncias de outras fontes renováveis. Existem várias referências a inibidores de corrosão verdes na literatura. Este livro centra-se nos progressos registados nos últimos dez anos. Para ilustrar o interesse crescente na "Inibição da corrosão do aço macio em fluidos corrosivos", o autor preparou uma revisão da literatura publicada entre 1950 e 2016. Nos anos 1951-1960, 29 publicações de investigação relataram investigações sobre a corrosão do aço estrutural. Nos anos 1961-1970, o número aumentou para 1235 artigos de investigação. Nos anos 19711980 e 1981-1990, o número de publicações foi de 1711 e 2685, respetivamente. Nos anos 1991-2000, o interesse nos estudos de corrosão cresceu para 4819, enquanto no período 2001-2010, foram registadas 9873 publicações. Para não mencionar que, no período de 2011-2016, o número de publicações de investigação sobre a inibição da corrosão do aço estrutural foi de uns surpreendentes 14700. O interesse de vários investigadores em explorar novos inibidores para uma variedade de ambientes corrosivos para controlar a corrosão de diferentes metais é evidente pelo número crescente de publicações no domínio da corrosão. Embora o número de estudos sobre inibidores de corrosão tenha aumentado drasticamente, apenas 5% da literatura publicada nos últimos dez anos diz respeito a inibidores verdes.

Enquanto outras revisões [3-7] tratam dos mecanismos de inibição da corrosão, esta revisão centra-se principalmente nos extractos de plantas e na eficácia dos inibidores verdes, particularmente em líquidos corrosivos. A importância dos polímeros naturais, como o amido e os derivados da celulose, contra a corrosão dos metais também é discutida. A seletividade dos inibidores verdes em relação aos metais e os efeitos do envelhecimento também são discutidos.

Inibidores verdes

Um inibidor é uma substância (ou combinação de substâncias) que é adicionada a uma concentração muito baixa para tratar a superfície de um metal exposto a um ambiente corrosivo e eliminar ou reduzir o efeito corrosivo do metal. Devido à sua capacidade de adsorção e propriedades, são também conhecidos como espécies bloqueadoras, elementos bloqueadores de sítios ou bloqueadores de sítios de adsorção [8, 9]. O termo "inibidor verde" ou "inibidor amigo do ambiente" refere-se a substâncias que são biocompatíveis na natureza. Os inibidores, tais como os extractos de plantas, possuem presumivelmente biocompatibilidade devido à sua origem biológica. À semelhança da classificação dos inibidores, os inibidores verdes também podem ser divididos em duas categorias, nomeadamente inibidores verdes orgânicos e inibidores verdes inorgânicos.

Inibidores verdes orgânicos

Em geral, os inibidores verdes orgânicos são derivados de fontes naturais, como flavonóides, alcalóides de plantas e seus extractos [4]. Incluem também compostos sintéticos com toxicidade negligenciável. Alguns dos desenvolvimentos notáveis em inibidores verdes orgânicos tipicamente derivados de extractos de plantas são aqui discutidos.

Extractos de plantas

Os autores avaliaram a aplicação de extractos de plantas [10, 11] e outros inibidores orgânicos [12-17] contra a corrosão do aço em meio ácido. Loto relatou a aplicação do extrato das folhas e da casca de *Mangifera indica* (nome comum: manga, área de origem: Índia e outras regiões tropicais) contra a corrosão do aço estrutural em ácido sulfúrico diluído (H_2SO_4) [18, 19]. Foram utilizadas medições de perda de peso e espetroscopia de impedância eletroquímica para determinar o efeito inibidor dos inibidores. Os extractos da folha e da casca mostraram individualmente um efeito significativo na taxa de corrosão, tendo sido obtida uma maior eficiência com a combinação destes dois extractos.

°O efeito inibidor da corrosão do extrato do fruto de *Zenthoxylum alatum* Winged Prickly Ash, que está disponível nos países do Leste e do Sul da Ásia, foi relatado para a corrosão de aço macio em meio de ácido fosfórico a temperaturas de 50-80 C [20]. A análise da superfície por espetroscopia de fotoelectrões de raios X (XPS) mostrou a formação de camadas do extrato da planta na superfície do aço macio. Os resultados indicaram a possível formação de fosfato de ferro catalisado pela formação do complexo orgânico-metálico de ferro e extrato de plantas.

Satapathy et al. analisaram o extrato de metanol das folhas de Justicia *gendarussa* Willow-leavedjusticia, Índia e Indonésia, para a inibição da corrosão do aço macio em meio de ácido clorídrico

(HCl) [21]. Os autores tentaram caraterizar os compostos orgânicos presentes no extrato de metanol utilizando cromatografia gasosa-espetrometria de massa. Os resultados mostraram que os compostos presentes no extrato de metanol eram difíceis de separar, uma vez que os tempos de retenção da maioria dos compostos eram próximos uns dos outros. A espetroscopia eletrónica para análise química e a microscopia de força atómica foram utilizadas para obter informações sobre a formação de película na superfície da amostra de aço macio.

Okafor et al. relataram o efeito inibidor da corrosão das folhas, sementes e uma combinação de folhas e sementes de *Phyllanthus amarus* (quebra-pedras, Índia e outras regiões tropicais) no aço macio em HCl e H2SO4 [22]. A meia-vida do aço macio na solução electrolítica contendo o ácido e o extrato combinado de folhas e sementes mostrou um aumento da resistência do aço macio a ambos os ambientes corrosivos. A adsorção de calor com valores positivos mostrou claramente a adsorção química dos inibidores na superfície do aço macio, o que foi bem apoiado por medições de adsorção.

Num estudo interessante, El-Etre investigou o extrato dos caules do *cato Opuntia paddle*, disponível na Índia, México, Norte de África e algumas partes da Europa, quanto ao seu efeito inibidor da corrosão do alumínio em meio de ácido clorídrico, em que o extrato foi obtido espremendo os caules e o sumo foi utilizado diretamente como inibidor [23]. Foi realizado um estudo sobre o efeito de envelhecimento do inibidor, que é discutido numa secção posterior.

Os óleos naturais são um dos inibidores verdes provenientes de fontes vegetais. O óleo de poejo foi extraído da *Mentha pulegium* (hortelã-poejo) e investigado quanto ao seu efeito inibidor da corrosão no aço em meio corrosivo de HCl [24]. O principal componente do óleo de poejo foi a *R*-(+)-pulegona [25]. O efeito inibitório do inibidor aumentou com a temperatura, o que indica claramente a quimisorção do inibidor na superfície do aço. O inibidor foi classificado como um inibidor catódico.

Se a mudança no potencial de corrosão durante a polarização eletroquímica do metal for superior a ±85 mV em comparação com a corrosão do branco, o inibidor pode ser atribuído a um tipo específico de acordo com Riggs [26], por exemplo, catódico ou anódico. Do mesmo modo, foi investigado o efeito inibidor da corrosão do óleo de jojoba (Simmondsia chinensis, Arizona, Califórnia, México) e do óleo de artemísia (artemísia, Índia, Nepal, China, Coreia e Japão) na corrosão do aço em meio HCl a diferentes temperaturas [27, 28]. A inibição da corrosão do níquel e das suas ligas, nomeadamente Inconel 600 e Inconel 690, em diferentes concentrações de soluções de HCl com óleo de cravinho natural foi investigada por Abdullah et al [29].

Sethuraman et al. efectuaram uma série de estudos sobre a inibição da corrosão do aço macio utilizando vários extractos de plantas em meio ácido, por exemplo, pimenta preta [30], trombeta de anjo *Datura metel,*

Índia e outras regiões tropicais [31], e *Strychnos nux-vomica*, uma noz venenosa disponível na Índia e no Sudeste Asiático [32], foram testados contra a corrosão do aço macio em HCl e H2SO4.

O extrato de sementes de khillah (*Ammi visnaga*) foi analisado em aço inoxidável SX 316 quanto à sua inibição da corrosão em meio ácido[33]. O mecanismo do efeito inibitório do extrato de sementes de khilah foi investigado comparando a capacidade de complexação dos compostos khellin e visnagin, que são os principais constituintes do extrato de sementes de khilah. As titulações condutométricas mostraram a possível formação de complexos Fe-khellin ou Fe-visnagin, que são normalmente atribuídos à quimisorção ou ligação química entre o ferro e as moléculas do inibidor. No entanto, o efeito inibitório do extrato diminuiu significativamente com o aumento da temperatura, indicando que o mecanismo de adsorção das moléculas do inibidor é predominantemente por fisissorção. °Observou-se uma diminuição da atividade inibitória com o aumento da temperatura, com o extrato de sementes a 80 C a revelar aproximadamente 71% da atividade inibitória para 120 ppm.

O comportamento de inibição da corrosão do extrato de tremoço (*Lupinous albus* L., tremoço branco, Egipto, Sudão, Etiópia, Europa Central e Ocidental) na corrosão do aço em solução aquosa de H2SO4 e HCl foi investigado por Abdel-Gaber et al [34]. O modelo cinético-termodinâmico foi utilizado para testar os dados de corrosão e mostrou o mecanismo de inibição por adsorção. O inibidor mostrou uma eficiência comparativamente mais elevada em HCl do que em H2SO4.

Abiola et al. descreveram a inibição da corrosão do alumínio em solução de hidróxido de sódio (NaOH) com folhas e extrato de sementes de *Gossipium hirsutum* L. (Upland Cotton) [35]. Foi alcançado um efeito inibitório mais elevado (97%) com o extrato de folhas do que com o extrato de sementes (94%). Do mesmo modo, os extractos de folhas, sementes, cerne e casca de Carica papaya foram analisados quanto à sua inibição da corrosão de aço macio em solução de ácido H2SO4 [36]. O extrato de folhas mostrou um efeito inibidor mais elevado em comparação com os extractos de sementes, cerne e casca.

O extrato de *Gongronema latifolium* foi testado para a inibição da corrosão do alumínio em condições ácidas e básicas [37]. O inibidor mostrou um efeito inibitório mais elevado em HCl do que em NaOH. A quimissorção foi o mecanismo proposto para a inibição predominante da corrosão em solução de HCl, enquanto a fisissorção foi responsável pela eficácia do inibidor em solução de NaOH.

A inibição da corrosão do zinco em solução de HCl foi investigada com um extrato de gel de *Aloe vera* (Península Arábica, Norte de África e outras regiões tropicais) [38]. Neste caso, o gel foi espremido de folhas frescas. O sumo foi diluído e, em seguida, foi preparada a solução e estudada diretamente a corrosão ácida do zinco. Os dados de corrosão das medições de perda de peso mostraram uma relação cinética de primeira ordem.

El-Etre avaliou o efeito de inibição do extrato aquoso da raiz de Zallouh na corrosão do aço carbono em meio HCl [39]. O valor relativamente baixo da energia de ativação na presença do extrato de Zallouh indica que o mecanismo de inibição é através da adsorção física de moléculas inibidoras na superfície do aço.

Loto et.al [40] investigaram a corrosão do aço macio com inibidores verdes num meio de ácido clorídrico. Os inibidores verdes utilizados são a noz de cola, as folhas de cola da árvore de cola (*Cola acuminata*) e o extrato de tabaco (*Nicotiana*) em diferentes concentrações. O autor utilizou o método de perda de peso e a microscopia metalúrgica para calcular as taxas de corrosão e a eficácia dos inibidores. A eficiência de inibição obtida com o extrato de tabaco é considerada a melhor, uma vez que tem uma eficiência global de cerca de 96,25% em comparação com o extrato de folha de cola e de noz de cola. O extrato de folha de cola tem um efeito inibitório de 73,82% a uma concentração de 100%, enquanto o extrato de noz de cola tem apenas um efeito inibitório de 78,60% a uma concentração de 60%. A eficácia da noz de cola é considerada boa a uma concentração de 60%.

Um estudo experimental sobre o efeito inibitório do extrato alcaloide da planta *Palicourea guianensis na* corrosão do aço de carbono médio em solução ácida foi realizado por M. Lebrini et al [41]. As folhas secas de Palicourea *guianensis* foram tratadas com hidróxido de amónio a 5 % e a matéria-prima alcalinizada foi extraída e lavada com diclorometano. As fracções combinadas de diclorometano foram lavadas com água e extraídas três vezes com ácido clorídrico diluído. O pH da solução foi ajustado com hidróxido de amónio e as camadas orgânicas combinadas foram secas com sulfato de sódio e recolhidas por filtração. O extrato alcaloide foi analisado por cromatografia líquida de alta eficiência. A eficácia de proteção do extrato, calculada por espetroscopia de impedância eletroquímica, foi de cerca de 89 %. Os modelos de adsorção, tais como as isotérmicas de Temkin, Langmuir e Frunkin, foram testados graficamente com os dados obtidos, tendo a isotérmica de Langmuir apresentado a melhor concordância com os dados experimentais.

O efeito inibitório do extrato de chá verde *(Camellia sinensis)* como inibidor da corrosão do aço macio em ácido sulfúrico diluído a diferentes concentrações foi avaliado por Loto et al [42]. Para as medições, a perda de peso e a medição do potencial foram utilizadas com um multímetro digital e um elétrodo de calomelano saturado como elétrodo de referência. O extrato de chá verde foi obtido a partir de saquetas de chá verde Lipton. Estas saquetas de chá verde foram embebidas em etanol, filtradas e posteriormente destiladas para remover o etanol. O extrato de chá verde resultante foi diluído em várias concentrações. A experiência realizada em ácido sulfúrico 0,2M mostrou que o efeito inibitório a 25%, 50% e 100% da concentração do extrato de chá verde foi de 79%, 71% e 78%, enquanto o efeito inibitório em ácido sulfúrico 0,5M e a 25%, 50% e 100% da concentração do extrato de chá verde foi de 83%, 87% e 94%, respetivamente. Loto provou que o extrato de chá verde tem muito boas propriedades de inibição da corrosão em meio de ácido sulfúrico. Embora tenham sido obtidos bons resultados, o melhor resultado foi obtido com 100% de extrato de chá verde nas concentrações de ácido sulfúrico 0,2M e 0,5M.

O papel do extrato de *Andrographis* paniculata e o potencial de inibição da corrosão no aço macio em meio de ácido clorídrico foram avaliados por O. Nnabuk et al [43] utilizando o mecanismo de adsorção física e a abordagem química quântica para determinar os componentes activos do extrato responsáveis pela inibição da corrosão. As folhas de Andrographis paniculata foram secas e embebidas em etanol, filtradas e evaporadas. As soluções de reserva foram preparadas dissolvendo 0,1-05 g do extrato em ácido clorídrico 0,1 M. Foram realizadas análises fitoquímicas para identificar os diferentes componentes do extrato e o método do reagente de Meyers foi utilizado para identificar os alcalóides no extrato. Foram utilizadas diferentes isotérmicas para estudar as propriedades do extrato, incluindo Langmuir, Freundlich, Temkin,

Frumkin, Flory-Huggins e El Awardy, mas o teste mostrou que o modelo de adsorção de Langmuir era o melhor para o extrato. A partir do estudo experimental, Nnabuk et al. concluíram que o extrato etanólico *de Andrographis paniculata* é um inibidor de adsorção para a corrosão do aço macio em meio de ácido clorídrico. A adsorção física e o modelo de adsorção de Langmuir apoiam claramente as propriedades de adsorção. O ácido pentadecanóico, o 6-metil-hepta-1, o palmitato de metilo, o metilosanoato, o estearato de metilo, a oleamida, o ftalato de dicotilo e o etildocosanoato são os principais componentes do extrato de Andrographis paniculata que interagem e inibem a corrosão do aço macio em meio ácido.

A maioria dos estudos foi realizada apenas com o extrato das folhas, mas Nnabuk et al [44] investigaram o extrato da goma de *Anogessus Leocarpus* e o seu potencial de inibição da corrosão em aço macio em meio de ácido clorídrico. O mecanismo de adsorção física e a abordagem química quântica são utilizados para descobrir a composição ativa do extrato de goma responsável pela inibição da corrosão. O método gasométrico e termométrico foi utilizado para determinar a quantidade de hidrogénio e a temperatura evoluída, que por sua vez é utilizada para calcular as eficiências de inibição e o número de reação. A análise por espetroscopia de infravermelhos com transformada de Fourier dos produtos de corrosão foi efectuada com e sem borracha. Foi também realizada uma análise de cromatografia gasosa com espetrómetro de massa com a amostra numa coluna capilar de elite feita de vidro de quartzo. As características de adsorção dos inibidores foram analisadas utilizando diferentes isotérmicas de adsorção, incluindo as isotérmicas de adsorção de Langmuir, Freundlich, Temkin, Flory-Huggins, Frumkin e El-Awardy. Os testes mostraram que o modelo de adsorção de Langmuir foi o que melhor correspondeu aos dados e às propriedades de inibição da corrosão do extrato.

Nnabuk et al. concluíram que os principais constituintes químicos do Anogessus Leocarpus são a sacarose, o ácido n-hexadecanóico, o ácido carboxílico 1-pentadecanóico e a 2,3-difenil-1,4-naftoquinona. O mecanismo do inibidor no meio ácido foi a adsorção conjunta por formação de uma reação de complexo de ferro e favorece a adsorção física pela reação exotérmica e espontânea no aço macio, razão pela qual a goma é considerada um bom inibidor de corrosão.

Vijayalakshmi et al [45] realizaram um teste destrutivo com o extrato aquoso das *folhas de coqueiro Cocos nucifera* para a corrosão de aço macio em meio de ácido clorídrico. O destilado foi preparado a partir do extrato de destilação destrutiva e a análise fitoquímica foi realizada por cromatografia gasosa e espetrometria de massa para o extrato de pecíolo de coqueiro Cocos nucifera. A isoterma de adsorção de Langmuir, a espetroscopia de impedância eletroquímica e a equação de Arrhenius foram utilizadas para avaliar o processo de corrosão do inibidor na ausência e na presença do inibidor. Foram utilizadas técnicas electroquímicas e software como o Corrware e o Zplot para estimar os parâmetros de corrosão cinemática. Vijayalakshmi et al. concluíram ainda que o extrato do destilado destrutivo das folhas de coqueiro é um inibidor eficaz da corrosão do aço macio em ácido sulfúrico 0,5M e ácido clorídrico IM. 3% do extrato atinge um efeito inibitório de 95,24% em ácido sulfúrico 0,5M e 90,35% em ácido clorídrico IM, mas este diminui com o aumento da temperatura. A reação no aço macio é espontaneamente endotérmica e o inibidor comporta-se como um inibidor misto.

Muitos investigadores contribuíram de diferentes formas, utilizando diferentes extractos de folhas de plantas verdes como inibidores e avaliando a sua eficiência na inibição da corrosão em meio ácido, mas Vanessa et al [46] utilizaram borras de café como inibidor da corrosão do aço-carbono.

Taleb et al [47] investigaram a inibição da corrosão do aço macio com o *extrato* aquoso *de cascas de beringela* em meio de ácido clorídrico. As cascas de beringela foram moídas em pó e duplamente destiladas sob refluxo em água, filtradas e as soluções de reserva foram preparadas para diferentes concentrações. Foram efectuadas medições electroquímicas e espetroscopia de infravermelhos com transformada de Fourier. Foram realizadas medições de espetroscopia de impedância eletroquímica para aço macio em ácido clorídrico 2M na presença e ausência do extrato. Taleb et.al. concluíram que o extrato da casca de beringela é um inibidor ativo do tipo misto e segue a isotérmica de adsorção de Langmuir. Obteve-se um efeito inibitório de 84% e o efeito inibitório

A eficiência aumenta a temperaturas mais elevadas à medida que a concentração do inibidor aumenta.

Um estudo comparativo sobre a inibição da

corrosão do extrato de Euphorbia hirta em ligas de alumínio em meio ácido e alcalino foi realizado por Nnanna et al [48]. As folhas de *Euphorbia hirta* foram secas, fervidas e moídas em ácido clorídrico 0,5 M e hidróxido de sódio 0,25 m. As soluções de teste do inibidor foram preparadas em várias concentrações variando de 0,1 a 0,3 g/L. O extrato mostrou um melhor efeito inibitório no meio ácido do que no meio alcalino. A isotérmica de Langmuir foi utilizada para avaliar as propriedades de adsorção do extrato e mostrou o melhor ajuste para os dados, e a energia livre de adsorção foi determinada para os parâmetros da isotérmica de adsorção, e a adsorção foi espontânea. A adsorção foi puramente física em meio ácido e mista em meio alcalino. A conclusão final de Nnanna et.al. foi que o extrato inibiu a corrosão do alumínio tanto em meio ácido como alcalino e mostrou um efeito de inibição mais elevado em meio ácido nos processos de elétrodo anódico e catódico. O inibidor obedeceu à isotérmica de Langmuir em ambos os meios, e o efeito inibidor do extrato foi controlado pela concentração, temperatura e tempo de exposição.

Taleb et al [49] investigaram a inibição da corrosão de aço estrutural utilizando extrato de folhas de figueira em solução de ácido clorídrico. As folhas de figueira foram moídas em pó, duplamente destiladas com água, filtradas e as soluções de reserva foram preparadas em diferentes concentrações. Foram efectuadas medições electroquímicas e espetroscopia de infravermelhos com transformada de Fourier. Foram efectuadas medições de espetroscopia de impedância eletroquímica para aço macio em ácido clorídrico 2M na presença e ausência do extrato. De acordo com Taleb et al. as eficiências de inibição foram elevadas entre 87 % e 90 % utilizando taxas de tratamento e condições de ensaio específicas. As características de adsorção obedeceram à isotérmica de adsorção de Langmuir a todas as temperaturas de ensaio. A energia livre de adsorção mostrou que o processo de adsorção é espontâneo e que ocorreu uma adsorção física.

Lahhit et al [50] utilizaram o óleo essencial de Foeniculum *vulgare* como inibidor de corrosão verde para aço carbono em solução de ácido clorídrico e analisaram a sua inibição de corrosão por espetroscopia de impedância eletroquímica, métodos de polarização Tafel e medições de perda de peso. A análise do óleo de Foeniculum vulgare obtido por hidrodestilação por cromatografia gasosa e cromatografia gasosa-espetrometria de massa revelou que os principais componentes *do* óleo de *Foeniculum vulgare* são o limoneno (20,8%) e o b-pineno (17,8%). O óleo de Foeniculum *vulgare* oferece uma boa inibição da corrosão com um efeito de inibição máximo de 76% a 3 mL/L, que diminui com o aumento da temperatura. O óleo de funcho *Foeniculum vulgare* actua como um inibidor misto e a eficácia do inibidor aumenta com a concentração do óleo.

O efeito inibidor da corrosão dos alcalóides extraídos da planta *Isertia* coccinea na corrosão do aço carbono em ácido clorídrico 1M foi avaliado por Lebrini et al. utilizando técnicas de espetroscopia de impedância eletroquímica e de polarização potenciodinâmica [51]. As propriedades físicas de adsorção foram testadas utilizando diferentes isotérmicas de adsorção, tais como Langmuir, Temkin e Frumkin, para clarificar teoricamente a natureza da adsorção. [1]O efeito protetor do extrato determinado a partir de medições de impedância e polarização aumentou com o aumento da concentração do inibidor e atingiu uma eficiência máxima de 91% a 100 mg L' . As medições de polarização mostraram que estava presente um mecanismo de inibição misto.

A inibição da corrosão do aço estrutural em lenhina kraft e soda com cloreto de sódio a dois valores de pH diferentes foi investigada por Ebrahim et al [52]. A lignina é o segundo maior polímero natural na forma de licor negro que pode ser obtido a partir do processamento da celulose. Para as investigações, foram efectuados métodos electroquímicos, análises de superfície e medições de perda de peso. Tanto a lenhina kraft como a lenhina de soda foram identificadas como os melhores inibidores de corrosão. A lenhina kraft tem o efeito inibidor mais elevado em concentrações elevadas de aproximadamente 95 % e 92 % a pH 5 e pH 8, respetivamente. A lenhina sodada teve o melhor desempenho a 800 ppm de inibidor, e as eficiências do inibidor foram de 97% e 95% a pH 6 e pH 8. Tanto a lenhina sodada como a lenhina kraft obedeceram à isotérmica de adsorção de Langmuir em dois valores de pH, e os estudos de polarização provaram que ambos os inibidores eram inibidores mistos.

Sangeeta et al [53] analisaram o efeito de inibição do extrato de *Phyllanthus* amarus no sistema de iões de zinco para aço carbono em 60 ppm de cloreto. Os estudos de medição da perda de peso mostraram que o efeito inibidor do extrato era de cerca de 98% a 25% da concentração do extrato, e a polarização provou que o inibidor se comporta como um tipo misto.

Inibidores verdes inorgânicos

Os elementos inorgânicos ou metais desempenham um papel crucial nos organismos vivos quando estão presentes em quantidades vestigiais. As concentrações mais elevadas de muitos metais são tóxicas para todas as formas de vida. Isto também se aplica aos derivados de metais. Por exemplo, os compostos de crómio, especialmente os cromatos, têm sido amplamente utilizados como potenciais inibidores de corrosão em sistemas aquosos devido à sua elevada potência [54-56]. No entanto, para além do elevado efeito inibidor, os cromatos apresentam uma elevada toxicidade, razão pela qual estão proibidos para aplicações industriais [57]. Na procura de alternativas aos inibidores de cromatos, verificou-se que os sais de lantanídeos têm excelentes propriedades de inibição [58, 59]. Os sais de lantanídeos, como os cloretos de lantanídeos, têm uma toxicidade comparável à do cloreto de sódio [60]. Por conseguinte, os sais de lantanídeos podem também ser considerados como inibidores ecológicos ou amigos do ambiente.

Nos últimos dez anos, foi efectuada alguma investigação sobre as propriedades inibidoras da corrosão das lathanides. Por exemplo, Arenas et al. relataram a utilização de cloreto de cério ou tricloreto de cério como inibidor para ligas de alumínio (AA5083) e aço galvanizado em soluções aeradas de NaCl [61].
O estudo forneceu evidências da formação de uma camada inibidora na superfície da liga, bem como no aço galvanizado. $^{4+3+}$Foi observada a presença de Ce, que se deve à oxidação do Ce . O fenómeno de "sobre-precipitação" de partículas de cério foi observado em alguns pontos da superfície do aço galvanizado. Este facto foi atribuído à perda de coerência da película que ocorre quando se atinge a espessura crítica. O amarelecimento da camada formada no aço galvanizado não foi observado na liga de alumínio, o que pode ser devido ao tamanho microscópico dos precipitados.

Noutra experiência realizada por Arenas et al. o $CeCl_3.7H_2O$ foi utilizado como inibidor de corrosão para ferro estanhado ou placa de estanho em soluções de NaCl [62]. Os estudos colorimétricos mostraram que o inibidor era catódico, semelhante ao seu relatório anterior [63]. De forma semelhante, Bernal et al. relataram a inibição da corrosão do nitrato de lantânio, nitrato de samário, cloreto de lantânio e cloreto de samário na corrosão do aço inoxidável ferrítico AISI 434 em meio de cloreto de sódio [64]. Embora o ião nitrato seja considerado um inibidor anódico, os nitratos de terras raras analisados, como o cloreto de lantânio e o cloreto de samário ($La(NO_3)_3$, $Sm(NO_3)_3$), foram considerados inibidores de tipo misto. Curiosamente, foi observada uma diminuição do efeito inibitório para os cloretos de terras raras quando a concentração do inibidor foi aumentada. Este efeito negativo foi interpretado como uma consequência do aumento da concentração de iões cloreto.

Polímeros naturais

Os polímeros são os materiais que possuem excelentes propriedades de adesão às superfícies metálicas. Uma vasta gama de polímeros tem sido investigada pelas suas propriedades anticorrosivas, tanto como pré-revestimento [65-70] no metal como inibidor numa variedade de líquidos corrosivos [71-78]. Martinez et al. relataram o mecanismo de inibição do tanino de mimosa contra a corrosão de aço de baixo teor de carbono em solução ácida [70]. O mecanismo de quimisorção e fisisorção do tanino de mimosa foi investigado a pH 1-3. É interessante notar que o inibidor exibe um mecanismo de quimisorção a pH 1-2, enquanto o mecanismo de inibição muda para a fisissorção a pH3.

A goma de guar, um polissacárido natural, foi investigada na inibição da corrosão do aço-carbono em soluções de ácido sulfúrico [71]. Foi proposto um mecanismo de adsorção para o efeito inibitório da goma guar. Verificou-se que o aumento da concentração do inibidor aumentou a resistência à corrosão por pite, o que foi bem demonstrado por mudanças nos potenciais de pite. A interação entre os átomos de oxigénio nas cadeias laterais e os iões de ferro era provavelmente impossível. Por conseguinte, o modo possível de ligação coordenativa entre os iões de ferro e os átomos de oxigénio foi assumido como ocorrendo na espinha dorsal do polímero.

Vários investigadores tentaram comparar o efeito de inibição dos polímeros naturais e sintéticos. Umoren et al [72] efectuaram um estudo sobre a inibição da corrosão do aço macio em meio de ácido sulfúrico utilizando goma arábica e polietilenoglicol como polímeros sintéticos. Os

Os efeitos sinérgicos foram investigados para os derivados de halogenetos. Os autores também relataram as propriedades inibitórias da goma de exsudado para a inibição da corrosão em meio ácido para o alumínio. [73]. O efeito de inibição da goma de exsudado tendeu a ser semelhante ao da goma arábica, mas o efeito da temperatura foi diferente. O efeito inibitório da goma arábica aumentou com a temperatura, enquanto diminuiu para a goma arábica. Por conseguinte, as gomas de exsudado devem ter-se adsorvido fisicamente à superfície do alumínio.

A celulose é o polissacárido natural insolúvel em água mais comum. A carboximetilcelulose é um análogo (semi)sintético da celulose solúvel em água. As propriedades anti-corrosão da carboximetilcelulose (CMC) foram investigadas em aço macio em várias soluções ácidas [74-77]. Bayol et al. investigaram o comportamento de adsorção da CMC no aço macio em soluções de HCl [74]. Umoren et al. relataram o potencial de inibição da CMC para a corrosão do aço macio pelo ácido sulfúrico [75, 76] e também os efeitos do sinergismo e do antagonismo dos iões halogenados com a CMC na inibição da corrosão.

Outro polímero natural, o amido, foi investigado por Mobin et al [77] para a inibição da corrosão do aço macio em ácido sulfúrico. Foi também investigado o efeito sinérgico de tensioactivos como o dodecil sulfato de sódio e o brometo de cetiltrimetilamónio no comportamento anticorrosivo do amido. Tal como descrito nos relatórios anteriores sobre a proteção contra a corrosão, o mecanismo de inibição do amido foi proposto como adsorção física em vez das propriedades dos polímeros naturais.

Bio-mimética de inibidores verdes

É bem sabido que os extractos de plantas contêm numerosos compostos orgânicos e são normalmente referidos como inibidores verdes. É bastante difícil compreender o mecanismo de inibição de uma série de compostos diferentes num extrato de planta. O estudo dos análogos sintéticos de flavonas e aminoácidos naturais é muito inteligente para descobrir os mecanismos envolvidos no processo de inibição. Por exemplo, a 3-hidroxiflavona e a 2,3-di-hidroxiflavanona foram investigadas pelos autores relativamente à corrosão ácida do aço macio [12, 13].

Verificou-se que os derivados de flavona se adsorvem à superfície do aço macio por adsorção física e química. De modo semelhante, os aminoácidos alanina, cisteína, ácido glutâmico, glicina, leucina, serina, treonina e triptofano foram investigados, particularmente no que respeita à inibição da corrosão do aço [78-79] e também da corrosão do cobre [80, 81].

Oguzie et al [78] investigaram os mecanismos de inibição da metionina para a corrosão ácida do aço macio juntamente com o efeito sinérgico dos iões iodeto. Os resultados mostraram que o efeito sinérgico dos iões iodeto aumentava com o aumento da população de iões 1" adsorvidos específicos para a formação de pares de iões com catiões de metionina. A adsorção de L-triptofano em aço de baixo teor de carbono foi investigada por Fu et al [79].

Os cálculos de química quântica determinaram os possíveis centros de adsorção do L-triptofano e também a sua orientação plana em relação à superfície de Fe. As relações quantitativas estrutura-atividade foram investigadas de forma semelhante para quatro aminoácidos, nomeadamente a alanina, a cisteína, a glicina e a leucina [80]. Verificou-se que a cisteína tem um efeito inibidor mais elevado do que os outros aminoácidos analisados.

Ismail et al [77] investigaram a cisteína para inibir a corrosão do cobre. $^{2+}$O efeito sinérgico dos iões Cu foi investigado. $^{2+}$Em concentrações mais elevadas de iões Cu, foi observada uma diminuição do efeito inibitório neste estudo. $^{2+}$A concentrações muito baixas (0,01 mM) de iões Cu, o efeito inibitório não se alterou, o que pode dever-se à formação de uma camada adsorvida pelo próprio aminoácido. Do mesmo modo, Zhang et al [78] investigaram a propriedade inibidora da corrosão da serina, treonina e ácido glutâmico contra a corrosão do cobre. Devido à presença de iões carboxilato, o ácido glutâmico mostrou um maior potencial de inibição.

Características gerais dos inibidores verdes

Os inibidores verdes têm a maioria das mesmas propriedades que os inibidores "não verdes". A maioria dos inibidores verdes adsorve-se à superfície do metal à temperatura ambiente por adsorção física e química. A temperaturas mais elevadas, a inibição ocorre principalmente por quimisorção. Durante o processo de inibição da corrosão, o inibidor verde ganha ou perde eficácia com a exposição prolongada a um ambiente corrosivo. A avaliação do efeito de um tempo de exposição alargado sobre o efeito de inibição fornece informações sobre a estabilidade do comportamento de inibição do inibidor verde na escala de tempo. A eficácia do inibidor diminui com o aumento do tempo, o que significa que, na maioria dos casos, a adsorção das moléculas do inibidor ocorre predominantemente através de interacções físicas na superfície do metal [10-16, 22, 23, 75-77, 84-98].

Apenas alguns relatórios mostram que o efeito inibitório do inibidor verde aumenta com o aumento do tempo. Estudos sobre o extrato de folhas de *Clematis gouriana* para a corrosão ácida de aço estrutural, por exemplo, mostraram que o efeito inibidor aumenta com o aumento do tempo de imersão da amostra de aço na solução ácida com uma concentração de 400 ppm do inibidor [10]. Este facto foi atribuído à estabilidade e persistência da camada de inibidor adsorvida na superfície do aço. Singh et al [81] relataram a tendência de aumento do efeito inibitório com o tempo, o que também foi observado para um produto natural sintético, 2,3-dihidroxiflavanona [11].

Para maximizar a eficiência, é importante considerar a concentração do inibidor. Embora as composições e fontes dos inibidores sejam diferentes no que diz respeito às condições de reação, o efeito inibitório do extrato vegetal de Justicia *gendarussa* [21] e do óleo de poejo de *Mentha* pulegium [24] pode ser comparado. Foi alcançado um efeito inibitório de 93% com o extrato vegetal de Justicia *gendarussa* a uma concentração de 150 ppm, enquanto que são necessários 2,76 g/L para um efeito inibitório de 80% com o óleo de poejo. Neste caso, é útil considerar o efeito de sinergia. Por exemplo, Oguzie [91] relatou o efeito sinérgico dos derivados de halogenetos na inibição da corrosão ácida do aço macio por extractos de plantas. Os efeitos sinérgicos de KCl, KBr e KI aumentaram o potencial de inibição de 10 (v/v) % de *Occimum viridis* de 69 % para 87 %, 88 % e 95 %, respetivamente. Em comparação, os inibidores não verdes mostram um melhor efeito inibitório. Por exemplo, os derivados de benzimidazol e triazol são inibidores de corrosão bem conhecidos que mostraram um efeito inibitório de mais de 97% contra a corrosão ácida de aço macio [99, 100], mas também são conhecidos pela sua toxicidade [101, 102].

Embora os inibidores de origem biológica sejam presumivelmente amigos do ambiente, é de grande vantagem conhecer a EC50 (Concentração Efectiva 50) e a LD50 (Dose Letal 50) para os inibidores, independentemente da sua origem. Estes testes de citotoxicidade podem fornecer provas sólidas da biocompatibilidade dos inibidores.

Visão geral da seletividade dos inibidores verdes

A literatura revista mostrou que ainda não foi descoberto ou inventado um inibidor de corrosão universal, amigo do ambiente, que possa ser utilizado para a maioria dos metais. Existem poucos relatórios que comparem a eficácia dos inibidores para diferentes metais em diferentes ambientes corrosivos [86100]. Rehan investigou os extractos aquosos de folhas de tamareira, *Phoenix dactylifera*, hena, *Lawsonia inermis*, e milho, *Zea mays,* contra a corrosão ácida e básica do aço, alumínio, cobre e latão [86]. Os resultados mostraram que o efeito inibitório dependia apenas do tipo de metal e da composição da solução. Por exemplo, soluções a 1% de extractos de hena não mostraram qualquer inibição para o alumínio em soluções de ácido clorídrico 0,2 M, enquanto se observou uma inibição de 86% para a corrosão do aço. Em contraste, foi observada uma inibição de 96% da corrosão para a corrosão alcalina do alumínio, indicando que o efeito inibidor de um inibidor é fortemente influenciado não só pelo tipo de metal mas também pelo meio corrosivo.

El-Etre et al. referiram a versatilidade do extrato de Lawsonia em meio ácido, neutro e alcalino corrosão do aço-carbono, níquel e zinco [87]. Para o aço carbono e o níquel, foi observada uma melhor inibição em soluções ácidas com o inibidor. Por outro lado, o extrato de Lawsonia inibiu potencialmente a corrosão do zinco em soluções neutras.

Conclusões

Os inibidores verdes são ideais para vários ambientes corrosivos, uma vez que a maioria dos metais são inibidores verdes. A principal vantagem destes tipos de inibidores é a sua não toxicidade e biodegradabilidade. No entanto, existem limites para o seu desempenho. Embora os inibidores verdes tenham sido demonstrados em numerosas publicações como uma fonte potencial contra a corrosão em vários ambientes. Atualmente, são necessários mais esforços de investigação para utilizar os inibidores verdes em grande escala industrial.

Referências

1. Koch GH, Brongers MPH, Thompson NG, Virmani YP, Payer JH (2002) Corrosion costs and preventive strategies in the United States. NACE Inti PHWA-RD-01-156.

2. Speller FN, Chappei EL, Russeii RP (1927) Practical applications of inhibitors for pricking-out operations. Trans Am Inst Chem Engrs 19:165.

3. Sanyal B (1981) Compostos orgânicos como inibidores de corrosão em diferentes ambientes - uma revisão. Prog Org Coat9:165-236.

4. Raja PB, Sethuraman MG (2008) Produtos naturais como inibidores de corrosão para metais em meios corrosivos - uma revisão. Mater Letts 62:113-116.

5. Amitha Rani BE, Bharathi Bai JB (2011) Inibidores verdes para proteção contra a corrosão de metais e ligas - Uma visão geral. Intl J Corr DOI: 10.1155/2012/380217.

6. Bethencourt M, Botana FJ, Calvino JJ, Marcos M, Rodriguesz-Chacon MA (1998) Compostos de lantanídeos como inibidores de corrosão amigos do ambiente para ligas de alumínio: A review. Corr Sci 40:1803-1819.

7. Abdullah DM (2011) Uma revisão: extractos e

óleos de plantas como inibidores de corrosão em meios agressivos.
Indus Lub Trib 63:227-233

8. ProtopopoffE, Marcus P (1995) Electrochemistry and materials science of cathodic hydrogen absorption and adsorption, PV 94-21. Conway, BE, Jerkiewicz, G, J. Electrochem Soc NJ 374-386

9. Jerkiewicz G, Borodzinski JJ, Chrzanowski W, Conway BE (1995) Exame dos factores que influenciam a promoção da absorção de H em metais por elementos bloqueadores de sítios. J Electrochem Soc 142:3755-3763

10. Gopiraman M, Sakunthala P, Kanmani R, Alex Ramani V, Sulochana N (2011) Efeito inibidor do extrato de Clematis gouriana na corrosão de aço macio em meio ácido. Iónica DOI:10.1007/s11581- 011-5480584-9

11. Gopiraman M, Sakunthala P, Kesavan D, Alexramani V, Kim IS, Sulochana N (2011) Uma investigação da inibição da corrosão do aço carbono macio em meio de ácido clorídrico por inibidores ecológicos amigos do ambiente. J Tecnologia de revestimento
Res DOI 10.1007/sll998-011-9374-6.

12. Lavanya MN, Kesavan D, Prabhavathi N, Sulochana N (2009) Estudos sobre o efeito inibidor da 3-hidroxiflavona na corrosão ácida do aço macio. Surf Rev Letts 16:845-853

13. Gopiraman M, Sathya C, Vivekananthan S, Kesavan D, SulochanaN (2011) Efeito da 2,3-dihidroxiflavanona na inibição da corrosão do aço macio em meio ácido. J Mater Eng Perform D0I:10.1007/s11665-011-9925-0

14. Ashok Kumar S, Gopiraman M, Saravana Kumar M, Sreekanth A (2011) 2-Acetilpiridina N(4) morfolina tiossemicarbazona (HAcpMTSc) como inibidor de corrosão em aço macio em HCl. Ind Eng ChemRes 50:7824-7832

15. Gopiraman M, Selvakumaran N, Kesavan D, Karvembu R (2012) Comportamento de adsorção e inibição da corrosão de N-. (fenilcarbamothioylphenylcarbamothioyl)benzamide em aço macio num meio ácido. Prog Org Coat73:104-111

16. Kesavan D, Muthu Tamizh M, Gopiraman M, Sulochana N, Karvembu R (2012) Estudos físico-químicos de N-(2-mercaptofenil)- salicilidenoiminas

de 4 substitutos: Inibição da corrosão do aço macio num meio ácido. J Surfact Deterg D0I:10.1007/s11743-012-1338-z

17. Baskar R, Gopiraman M, Kesavan D, Kim IS, Subramanian K (2012) Síntese, caraterização e estudos electroquímicos de novos compostos de bifenilo. Ind Eng Chem Res D0I:10.1021/ie201470j

18. Loto CA (2001) O efeito dos aditivos da solução de extrato de casca e folha de manga na inibição da corrosão do aço macio em ácido sulfúrico diluído. Parte 1 CorrPrev Cont48:38-41

19. Loto CA (2001) O efeito dos aditivos da solução de extrato de casca e folha de manga na inibição da corrosão do aço macio em ácido sulfúrico diluído. Parte 2 CorrPrevCont48:59-64

20. Gunasekaran G, Chauhan LR (2004) Inibidor amigo do ambiente para a inibição da corrosão do aço macio em meio de ácido fosfórico. Electrochim Ata 49:43874395

21. Satapathy AK, Gunasekaran G, Sahoo SC, Kumar A, Rodrigues PV (2009) Inibição da corrosão pelo extrato da planta Justicia gendarussa em solução de ácido clorídrico. Corr Sci 51:2848-2856

22. Okafor PC, Ikpi ME, Uwah IE, Ebenso EE, Ekpe

UJ, Umoren SA (2008) Efeito inibidor dos extractos de Phyllanthus amarus na corrosão do aço macio em meio ácido. Corr Sci 50:2310-2317

23. El-Etre (2003) Inibição da corrosão do alumínio por extrato de Opuntia. Corr Sci 45:2485-2495

24. Bouyanzer A, Hammouti B, Majidi L (2006) Pennyroayl oil from Mentha pulegium as a corrosion inhibitor for steel in1M HCl. Mater Lett 60:28402843

25. Majidi L, Idrissi M, Hnach M (2005) ChemInform 36:757

26. Riggs OL (1973) Corrosion inhibitors, 2nd Edition, Ed. Nathan, CC, Houston, TX, 43

27. Chetouani A, Hammouti B, Benkaddour M (2004) Inibição da corrosão do ferro em solução de ácido clorídrico pelo óleo de jojoba. Pigment Res Technol 33:26-31.

28. Bouyanzer A, Hammouti B (2004) Um estudo dos efeitos anti-corrosivos do óleo de Artemísia no aço. Pigment Res Technol 33:287-292.

29. Abdullah M, Al Karanee SO, Abdel Fattah AA (2009) Inibição da corrosão do níquel e das suas ligas por óleo de cravinho natural. Chem Eng Commun 196:1406-1416

30. Bothi Raja P, Sethuraman MG, Inhibitive effect

ofblack pepper extract on the sulphuric acid corrosion of mild steel. Mater Lett 62:2977-2979

31. Sethuraman MG, Bothi Raja P (2005) Inibição da corrosão do aço macio por Datura metel. Pigment Res Technol 34:327-331

32. Bothi Raja P, Sethuraman MG (2009) Strychnosnux-vomica um inibidor de corrosão amigo do ambiente para aço macio em meio de ácido sulfúrico 1M. Mater Corros 60:22-28

33. El-Etre AY (2006) Extrato de Khilah como inibidor da corrosão ácida do aço SX316. Appl Surf Sci 252:8521-8525

34. Abdel-Gaber AM, Abd-El-Nabey BA, Saadawy M (2009) O papel do anião ácido na inibição da corrosão ácida do aço pelo extrato de tremoço. Corr Sci51:1038-1042

35. Abiola OK, Otaigbe JOE, Kio OJ (2009) Extractos de Gossipium hirsutum L. como inibidor de corrosão verde para o alumínio em solução de NaOH. Corr Sci 51:1879-1881

36. Okafor PC, Ebenso EE (2007) Efeito inibidor dos extractos de Carica papaya na corrosão do aço macio em meio ácido e respectivas propriedades de adsorção. Pigment Res Technol 36:134-140

37. Oguzie EE, Onuoha GN, Ejike EE (2007) Efeito do extrato de Gongronema latifolium na corrosão do alumínio em meios ácidos e alcalinos. Pigment Res Technol 36:44-49

38. Abiola OK, James AO (2010) Os efeitos do extrato de Aloe vera na corrosão e na cinética do processo de corrosão do zinco em solução de HCl. Corr Sci 52:661-664

39. El-Etre AY (2008) Inibição da corrosão do aço-carbono em solução ácida pelo extrato aquoso da raiz de Zallouh. Mater Chem.Phys 108:278-282

40. Loto CA, Loto RT, A.P.I. Popoola (2011) Inibição da corrosão e dos extractos de plantas do aço macio em HCl. Int J Phy Sci 6:3616-3623.

41. Lebrini M, Robert F, Roos C (2011) Extrato de alcaloides da planta *Palicourea guianensis* como inibidor de corrosão para o aço C38 em meio de ácido clorídrico 1 M. Int J Electrochem Sci 6:847-859.

42. Loto CA (2011) Efeito de inibição do extrato de chá *(Camellia Sinensis)* na corrosão do aço macio em ácido sulfúrico diluído. J Mater Environ Sci 2:335-344.

43. Nnabuk OE, Femi EA, Abdulfatai AS, Ladan M, Eno EE (2011) Informações químicas de estudos GC-MS do extrato de etanol de *Andrographis Paniculata* e

os seus potenciais de inibição da corrosão em aço macio em solução de HCl. Int J Electrochem Sci 6:4316-4328.

44. Nnabuk OE, Paul A, Casmir EG, Eno EE (2011) Estudos de GCMS sobre a goma de *Anogessus Leocarpus* (Al) e o seu potencial de inibição da corrosão para o aço macio em HCl 0,1 M. Int J Electrochem Sci 6:58155829.

45. Vijayalakshmi PR, Rajalakshmi R, Subhashini S (2011) Inibição da corrosão do extrato aquoso de Cocos nucifera-Coconut Palm - Petiole Extract from Destructive Distillation for the Corrosion of Mild Steel in Acidic Medium. Portugaliae Electrochimica Ata 29:9-21.

46. Vanessa VT, Roberto SA, Camila FS, Tatiana LF, Carlos ASR, Alexandre GT, Eliane DE (2011) Efeito inibitório de extratos aquosos de pó de café sobre a corrosão do aço carbono em solução de HCl. Corros Sci 53:2385-2392.

47. Taleb I, Mehad H (2011) Inibição da corrosão de aço macio em HCl 2M utilizando extrato aquoso de casca de beringela. Int J Electrochem Sci 6:5357-5371.

48. Nnanna LA, Anoziel IU, Avoaja AGI, Akomal CS, Eti EP (2011) Estudo comparativo da inibição da corrosão da liga de alumínio do tipo AA3003 em meios

ácidos e alcalinos pelo extrato de Euphorbia hirta. Afr J Pure Appl Chem 5:265-271.

49. Taleb HI, Mohamed AZ (2011) Inibição da corrosão do aço macio utilizando extrato de folhas de figueira em solução de ácido clorídrico. Int J Electrochem Sci 6:6442-6455.

50. Lahhit N, Bouyanzer A, Desjobert J-M, Hammouti B, Salghi R, Costa J, Jama C, Bentiss F, Majidi L (2011) Funcho (*Foeniculum Vulgare*)
Óleo essencial como inibidor de corrosão verde para aço carbono em solução de ácido clorídrico. Portugaliae Electrochimica Ata 29:127-138.

51. Lebrini M, Robert F, Blandinieres PA, Roos C (2011) Inibição da corrosão pelo extrato vegetal de *Isertia coccinea* em solução de ácido clorídrico. Int J Electrochem Sci 6:2443-2460.

52. Ebrahim A, Mohamad Ibrahim MN, Afidah AR (2011) Inibição da corrosão do aço macio em solução quase neutra por *ligninas kraft* e *soda* extraídas do cacho de frutos vazios da palma de óleo. Int J Electrochem Sci6:5396-5416.

53. Sangeetha M, Rajendran S, Sathiyabama J, Krishnaveni A, Shanthy P, Manimaran N, Shyamaladevi B (2011) Inibição da corrosão por um

extrato aquoso de *Phyllanthus Amarus* Portugaliae Electrochimica Ata 29:429-444.

54. Maji KD, Sing I, Kumar R (1976) Trans Ind Inst Metals 29:374

55. McCafferty E (1979) Thermodynamic aspects of crevice corrosion of iron in chromate/chloride solutions. J Electrochem Soc 126:385

56. McCafferty E (1989) Thermodynamic aspects of crevice corrosion of iron in chromate/chloride solutions. Corros Sci 29:391

57. Congresso dos EUA, Gabinete de Avaliação Tecnológica, Environmental Policy Tools: A User's Guide, OTA-ENV-634 (Washington, DC: U.S. Government Printing Office, setembro de 1995).

58. Twite RL, Bierwagen GP (1998) Review of alternatives to chromate for corrosion protection of aluminium aerospace alloys. Prog Org Coat 33:91-100

59. Bethencourt M, Botana FJ, Calvino JJ, Marcos M, Rodriguez-Chacon MA (1998) Compostos de lantanídeos como inibidores de corrosão amigos do ambiente para ligas de alumínio: A review. Corr Sci 40:1803-1819

60. Toxicological Profile for Chromium, Agência para as Substâncias Tóxicas (1989) Serviço de Saúde

Pública dos EUA, Relatório, n.º ATSDR/TP-88/10

61. Arenas A, Bethencourt M, Botana FJ, de Damborenea J, Marcos M (2001) Inibição da liga de alumínio 5083 e do aço galvanizado por sais de lantanídeos. Corr Sci43:157-170

62. Arenas MA, Conde A, de Damborenea JJ (2002) Cério: um inibidor de corrosão verde adequado para a folha de Flandres. Corr Sci 44:511-520

63. Bernal S, Botana FJ, Calvino JJ, Marcos M, Perez-Omil JA, Vidal H (1995) Lanthanide salts as alternative corrosion inhibitors. J Alloy Comp 255:638-641

64. Ansari R, Alikhani AH (2009) Application of polyaniline/nylon composite coatings for corrosion protection of steel (Aplicação de revestimentos compósitos de polianilina/nylon para proteção anticorrosiva do aço). J Coat Technol Res 6:221-227

65. Zaarei D, Sarabi AA, SharifF, Gudarzi MM, Kassiriha SM (2011) Uma nova abordagem para a utilização de polianilina submicrónica à base de esmeraldina em revestimentos epoxídicos resistentes à corrosão. J Coat Technol Res DOI:10.1007/s11998-011-9325-2

66. Mobin M, Tanveer N (2011) Corrosion

performance of chemically synthesized poly(aniline-co-o-toluidine) copolymer coating on mild steel. J Coat Technol Res DOI 10.1007/s11998-011-9328-z 67. Alam J, Riaz U, AshrafSM, Ahmad S (2008) Corrosion-protective performance of nano polyaniline/ferrite dispersed alkyd coatings. J Coat Technol Res 5:123-128

68. Zaarei D, Sarabi AA, SharifF, Kassiriha SM (2008) Estrutura, propriedades e resistência à corrosão de revestimentos de nanocompósitos poliméricos à base de filossilicatos. J Coat Technol Res 5:241-249

69. Jadhav RS, Hundiwale DG, Mahulikar PP (2010) Síntese de nano-polianilina e poli-o-anisidina e aplicações em tintas alquídicas para melhorar a resistência à corrosão do aço macio. J Coat Technol Res 7:449-454

70. Martinez S, Stern I (2001) Inhibitory mechanism of corrosion of flame carbon steel by mimosa tannin in sulfuric acid solutions. J Appl Electrochemistry 31:973-978

71. Abdallah M (2004) A goma guar como inibidor de corrosão do aço-carbono em soluções de ácido sulfúrico. Port Electrochim Ata 22:161-175

72. Umoren SA, Ogbobe O, Igwe IO, Ebenso EE

(2008) Inibição da corrosão do aço macio em meio ácido utilizando polímeros sintéticos e naturais e aditivos halogenados sinérgicos. Corr Sci 50:1998-2006

73. Umoren SA, Obot1 IB, Ebenso EE, Okafor PC (2008) Inibidores ecológicos de gomas de exsudado naturais para inibição da corrosão do alumínio em meio ácido. Port Electrochim Ata 26:267-282

74. Bayol E, Gurten AA, Dursun M, Kayakirilmaz K (2008) Comportamento de adsorção e efeito inibidor de corrosão da carboximetilcelulose de sódio em aço macio em meio ácido. Ata Physico-Chimica Sinica 24:2236-2243

75. Solomon MM, Umoren SA, Udosoro II, Udoh AP (2010) Inibição e comportamento de adsorção da carboximetilcelulose na corrosão do aço macio em solução de ácido sulfúrico. Corr Sci 52:1317-1325

76. Umoren SA, Solomon MM, Udosoro II, Udoh AP (2010) Efeitos sinérgicos e antagónicos entre iões halogenetos e carboximetilcelulose na inibição da corrosão do aço macio em solução de ácido sulfúrico. Celulose 17:635-648

77. Mobin M, Khan MA, Parveen M(2011) Inibição da corrosão do aço macio em meio ácido utilizando

aditivos de amido e tensioactivos. J Appl Poly Sci 121:1558-1565

78. Oguzie EE, Li Y, Wang FH (2007) Inibição da corrosão e comportamento de adsorção da metionina em aço macio em ácido sulfúrico e efeito sinérgico dos iões iodeto. J Colloid Interface Sci310:90-98

79. Fu JJ, Li SN, Cao LH, Wang Y, Yan LH, Lu LD (2010) L-triptofano como um inibidor de corrosão ecológico para aço de baixo teor de carbono em solução de ácido clorídrico. J MaterSci45:979-986

80. Eddy NO, Awel FE, Gimbal CE, Ibisi NO, Ebenso EE (2011) QSAR, estudos experimentais e de simulação química computacional sobre os potenciais de inibição de alguns aminoácidos para a corrosão de aço macio em HCl 0,1M. Int J Electrochem Sci 6:931-957

81. Ismail KM (2007) Avaliação da cisteína como um inibidor de corrosão amigo do ambiente para o cobre em soluções de cloreto neutras e ácidas. Electrochimica Ata 52:7811-7819

82. Zhang DQ, Cai QR, Gao LX, Lee KY (2008) Effect of serine, threonine and glutamic acid on the corrosion of copper in aerated hydrochloric acid solution. Corr Sci 50:3615-3621

83. Rehan HH (2003) Proteção contra a corrosão por extractos solúveis em água de folhas de plantas económicas. Mat wiss U Werkstofftech 34:232-237

84. El-Etre AY, Abdallah M, El-Tantawy ZE (2005) Inibição da corrosão de alguns metais por extrato de Lawsonia. Corr Sci 47:385-395

85. Poongothai N, Rajendran N, Palaniswamy M (2005) Wood bark oils as vapour phase corrosion inhibitors for metals in NaCl and SO2 environments. Indian J Chem Technol 12:641-647

86. Oguzie EE (2007) Inibição da corrosão do alumínio em meios ácidos e alcalinos pelo extrato de Sansevieria trifasciata. Corr Sci 49:1527-1539

87. Avwiri GO, Igho FO (2003) Efeito inibitório de Vernonia amygdalina na corrosão de
Ligas de alumínio em meios ácidos. Mater Lett 57:3705-3711

88. Oguzie EE (2008) Avaliação do efeito inibitório de alguns extractos de plantas na corrosão ácida do aço macio. Corr Sci 50:2993-2998

89. Moretti G, Guidi F, Grion G (2004) A triptamina como inibidor verde da corrosão do ferro em ácido sulfúrico desgaseificado a 0,5 M. Corr Sci 46:387-403

90. James AO, Akarantha O (2011) Inibição da

corrosão do zinco em solução de ácido clorídrico pelo extrato de acetona da pele da cebola vermelha. Res J Chem Sci1:31-37

91. Ismail M, Abdulrahman AS, Hussain MS (2011) Resíduos sólidos como inibidores de corrosão ambientalmente benignos em meio ácido. Int J Eng Sci Tech 3:17421748

92. Zhang DQ, Cai QR, Gao LX, Lee KY (2008) Effect of serine, threonine and glutamic acid on the corrosion of copper in aerated hydrochloric acid solution. Corr Sci50:3615-3621

93. Orubite KO, OforkaNC (2008) Inibição da corrosão do aço macio em soluções de ácido clorídrico pelos extractos de folhas de Nypa fruticans Wurmb. Mater Lett58:1768-1772

94. Oguzie EE (2006) Estudos sobre o efeito inibitório do extrato de Occimum viridis na corrosão ácida do aço macio. Mater Chem Phys 99:441-446

95. Obot IB, Obi-Egbedi NO, Umoren SA, Ebenso EE (2010) Efeitos sinérgicos e antagónicos de aniões e Ipomoea invulcrata como inibidor de corrosão verde para a dissolução de alumínio em meio ácido. Int J Electrochem Sci 5 994-1007

96. Singh A, Ahamad I, Singh VK, Quraishi MA

(2010) Efeito de inibição do extrato de sementes de karanj (Pongamia pinnata) ambientalmente benigno na corrosão do aço macio em solução de ácido clorídrico. J Solid State Electrochem 15:1087-1097

97. Lagrenee M, Mernari, B, Bouanis M, Traisnel M, Bentiss F (2002) Estudo do mecanismo e do efeito inibidor do 3,5-bis(4-metiltiofenil)-4H-1,2,4-triazol na corrosão do aço macio em meio ácido. Corros Sci 44:573-588

98. Popova A, Sokolova E, Raicheva S, Christov M (2003) AC and DC investigation of the temperature effect on the corrosion of mild steel in acidic media in the presence of benzimidazole derivatives. Corros Sci 45:33-35

99. Su JO, Jeongim P, Min JL, So YP, Kyungho C (2006) Ecological hazard assessment of major veterinary benzimidazoles: Acute and chronic toxicity to aquatic microbes and invertebrates. Env Tox Chem25:2221-2226

100. Minling G, Wenhua S, Xiaoying C (2010) A toxicidade aguda dos triazóis para as minhocas utilizando um método simples de contacto com papel. 4ª Conf. Intl.
Bioinform. Biomed. Engg DOI:10.1109/ICBBE.2010.

5515198

101. Martin MT, Brennan RJ, Hu W, Ayanoglu E, Lau C, Ren H, Wood CR, Corton JC, Kavlock RJ, Dix DJ (2007) Toxicogenomic study of triazole fungicides and perfluoroalkyl acids in rat livers predicts toxicity and categorises chemicals based on mechanism of toxicity. Toxicol Sci 97:595-613 102. 1,2,4-Triazole - Identificação, toxicidade, utilização, potencial de poluição da água, toxicidade ecológica e informação regulamentar, http://www.pesticideinfo.org.

Índice

MIX
Papier aus verantwortungsvollen Quellen
Paper from responsible sources
FSC® C105338

Printed by Books on Demand GmbH, Norderstedt / Germany